与最聪明的人共同进化

U0166152

湛庐 CHEERS

HERE COMES EVERYBODY

太空生活什么样

What's It Like in Space ?

［美］阿丽尔·瓦尔德曼（Ariel Waldman）著
［美］布赖恩·斯坦福（Brian Standeford）绘
黄月 苟利军 译

浙江教育出版社·杭州

测一测

这些太空冷知识，你了解吗？

扫码鉴别正版图书
获取您的专属福利

扫码获取全部测试题及答案，
看看你对太空生活了解多少

- 在太空，宇航员能轻而易举地看出地球在哪里吗？（ ）
  A. 这是地球人必备技能
  B. 那可不一定

- 太空的味道闻起来像什么？（ ）
  A. 酸酸的，像在闻醋
  B. 一股淡淡的臭鸡蛋味
  C. 雨后泥土的芬芳
  D. 杏仁饼烤焦了

- 在空间站的飞行实验中，以下哪种昆虫可以毫不费力地飘来飘去？（ ）
  A. 蝴蝶
  B. 蜜蜂
  C. 苍蝇
  D. 飞蛾

扫描左侧二维码查看本书更多测试题

去往太空

如果有人在我上天之前问我:"在月亮上看地球,你会不会激动万分?"我肯定会说:"才不会呢!"事实上,站在月球上第一次回望地球时,我泪流满面。

——艾伦·谢泼德(Alan Shepard)[1]

在太空中生活会是什么样呢?这个问题令许多人心驰神往,当然,宇航员可以为我们答疑解惑。这个问题没有边界、充满希望,正如宇宙探索这一活动本身。

---

[1] 艾伦·谢泼德,美国第一位进入太空的宇航员。1961 年 5 月,他乘坐"自由 7 号"载人航天飞机遨游太空。1971 年,作为当时年龄最大的宇航员,谢泼德担任那次登月任务的指令长,乘坐"阿波罗 14 号"进入太空,成功登月。他还是第一位在月球上打高尔夫球的人。——译者注

提出"太空生活什么样"这个问题，意味着我们对人类是否可以往宇宙中走得更远、是否可以在太空中大有可为，充满了渴望与信心。

试图从科学角度回答这个问题的第一人，是天文学家约翰尼斯·开普勒（Johannes Kepler）①。早在 17 世纪初，在人类首次登月的 3 个世纪之前，开普勒便写出了《梦》一书。这部虚构作品以科学为基础，讲述了人类探索太空的故事，细节非常丰富，比如人类是如何在太空中运用科学的、从月球上观测地球是什么样子，等等。人类第一次登上月球，是在开普勒写作《梦》的 361 年之后，但开普勒无疑是宣称登月在科学上可行并展望了人类前往月球之图景的第一人。

"太空生活什么样"的科学畅想已经有数百年的历史了，可是没有人知道确切答案。20 世纪 60 年代早期，在人类登上载人航天飞机之前，医生们面对着无数的疑团，比如，人能否在太空中进食，人的眼睛会不会飘到脑袋里。"冷战"期间，美国和苏联的宇航员们接受了周密的训练，以保证他们能够处理当时所能想象的所有状况。只有不断地向前推进人类探索宇宙边界的进程，我们才能够真正回答"太空生活什么样"这个问题。

---

① 约翰尼斯·开普勒，德国天文学家、物理学家、数学家，17 世纪初期科学革命的关键人物之一，他最广为人知的成就是提出了开普勒定律。1610 年前后，开普勒的一份手稿开始被传阅，这份手稿最终作为《梦》（*Somnium*）一书公开发表。开普勒写作该书的部分目的是希望从另一个星球的视角审视当时的天文学，以说明非地心说的可行性。——译者注

在这本书中，我将探索宇宙这件事变得简单易懂。对我而言，写作此书也是一个迷人的契机，它使我有机会了解更多与载人航天有关的知识。载人航天是宇宙探索的一个方面，在它起步后的半个多世纪里，只有经过严格的精挑细选的寥寥几人有幸亲身体验。然而，仅仅是与宇航员们聊天，就已经让我觉得非常有趣了，他们慷慨地奉献了自己的时间和热情。书中的故事内容丰富，它们有的滑稽好笑，有的古怪新奇，有的令人肃然起敬。在寻找和访问这些宇航员的过程中，我发现，他们无一例外地具备同一种特质：当面对挑战未知的任务时，他们平和而坚定。

时至今日，人类的太空飞行已有数十年历史，但对于"太空生活什么样"这一问题的任何回答都只是临时性的。因为，随着人类宇宙探索活动的不断深入，这些答案的范围以及获得答案的难易程度都将发生变化。

我喜欢一边阅读这些小故事，一边想象着 400 年后的人将做出怎样的回答。我的期待是，在接下来的几十年或几百年里，宇宙探索能够稳步、坚定地向前推进。或许有朝一日，这本书也将变成老古董，就像那些描述"坐飞机感觉如何"的老书一样。

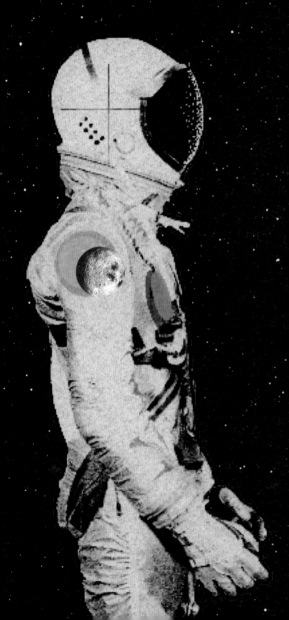

WHAT'S IT
LIKE IN SPACE?

目 录

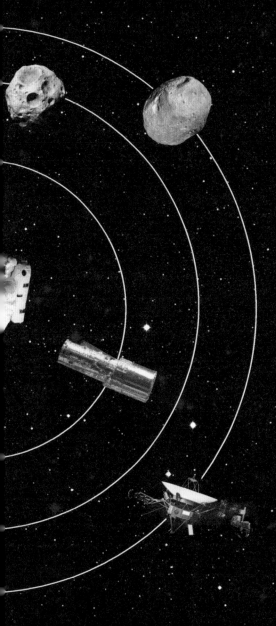

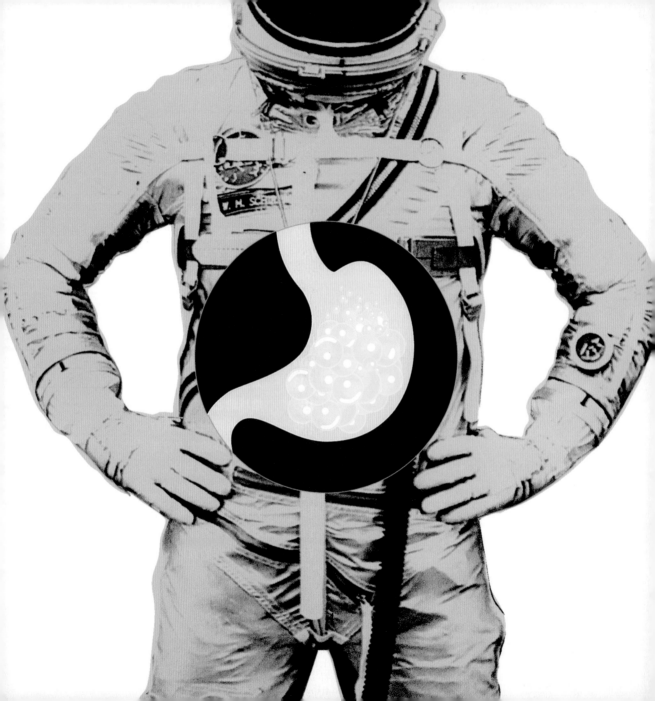

为什么在太空打不出嗝？

在太空中，没有人能听见你的打嗝声，这可是真的！由于太空中重力不足，你很难让食物老老实实地待在"胃底"，所以当你试图以打嗝的方式排出一些气体时，这种尝试大部分会以呕吐告终。对了，这就是国际空间站里没有碳酸饮料的原因。

头怎么会这么疼？

　　有些第一次乘坐航天飞机的宇航员声称，他们在太空中经历了神秘的头痛事件。为此，人们投入了诸多财力和精力来研究这是怎么回事。颅内压力过高？氧气不足？全都不是。最终的谜底是：在被送入太空之前，咖啡经过了冷却干燥处理，这一过程使得咖啡里的咖啡因含量大大降低，所以，宇航员的头痛实际上是一种咖啡因脱瘾症状。

浮肿的"月亮脸"

　　"如果你去太空，一定要待 4 天以上。"这一建议来自曾 4 次乘坐航天飞机前往太空的宇航员吉姆·纽曼（Jim Newman）[1]。在抵达太空的头几个小时，你的脸会变成宇航员们所说的"月亮脸"。这是因为，由于重力不足，你体内的血液无法在头部的皮下组织均匀循环。因此，在太空中生活的头两天，你的脸会变得浮肿，直到你的身体搞清楚如何在微重力环境下让血液正常循环。一般来说，4 天之后你的脸便能恢复正常。到那时，你就可以惬意地享受太空之旅了。

---

[1]　吉姆·纽曼，美国物理学家，NASA 前宇航员，曾 4 次执行航天飞行任务。他在太空中的时长为 43 天 10 小时 7 分。——译者注

漏尿的宇航服

在早期，男宇航员的宇航服内部常常是漏的。他们经常抱怨自己的尿液漏到了宇航服的其他地方。那时候，没有人知道宇航服究竟出了什么问题。后来终于搞清楚了，漏尿的罪魁祸首是男宇航员使用了过大的安全套导尿管。原来，之前每当医生问男宇航员们需要什么尺寸的安全套导尿管时，他们通常都会说："大号的。"

航天器外的巨大冰柱

　　航天飞机里有一整套排放系统，可以将宇航员排出的尿液排到宇宙空间里去。1984 年，这套系统出了故障，尿液在太空中形成了一根巨大的冰柱，黏在航天飞机的底座上。宇航员担心冰柱会损坏航天器，不得不用一只机械臂把它敲掉。

宇航员独有的"反梦"

在太空中睡觉，宇航员们有时候会做"反梦"。宇航员里德·怀斯曼（Reid Wiseman）[1]在驻扎国际空间站期间发过一条推特："太空，第52天。昨天晚上我做了第一个反梦，我梦见自己回到了地球，重力不太正常。"返回地球之后，怀斯曼说他还在做这样的反梦，在梦中，地球重力有点儿异常。不过，在他回到地球一周以后，反梦就渐渐消失了。

---

[1] 里德·怀斯曼，美国宇航员、工程师、海军飞行员。2009年被NASA选中，2011年起担任宇航员，2014年5月28日抵达国际空间站，同年11月10日返回地球。他在太空中的时长为165天8小时1分。——译者注

会被"屁力"推走吗？

在太空里打嗝很困难，所以放屁就会变多。宇航员们承认，在航天飞机和国际空间站里转悠的时候，他们曾经尝试把放屁当作一种推进方式。然而，事实证明，在太空中放屁并不能把人往前推——不知这是否会让其他宇航员宽宽心。

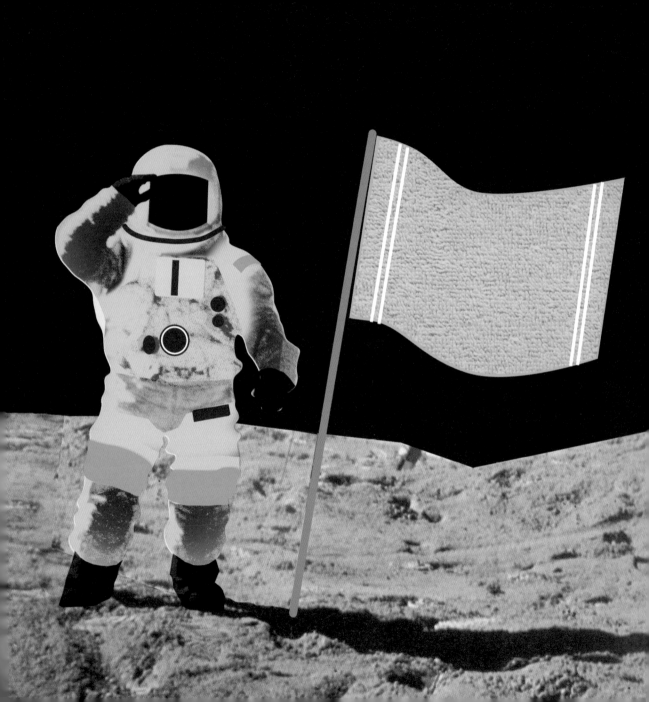

必备的擦脸毛巾

　　在太空中呕吐，就像有人在你脸上打了一巴掌。我可没骗你。因为没有重力，你的呕吐物会从呕吐袋两侧反弹出来，直扑你的脸。因此，宇航员们建议你提前备好一条毛巾，以便清理。《银河系漫游指南》（*The Hitchhiker's Guide to the Galaxy*）说得对，对于星际游客而言，随身带一条毛巾的确很有必要。

我真的站在月球上

宇航员们有时候不得不提醒自己眼下所做之事的重要意义。"阿波罗 12 号"宇航员艾伦·比恩（Alan Bean）[①]曾在月球上行走。他如此描述当时的情景：

> 我低头看脚下，默默地告诉自己"这是月球，这是月球"；我抬头望天空，在心里念叨着"那是地球，那是地球"。就算我们正站在月球上，整件事也仿佛科幻小说一般。

[①] 艾伦·比恩，NASA 前宇航员。1963 年加入 NASA，第一项任务是 1969 年搭乘"阿波罗 12 号"前往月球，成为在月球上行走的第四人。比恩还曾于 1973 年执行"3 号空间实验室"任务。他在太空中的时长为 69 天 15 小时 45 分。——译者注

飘在半空能睡着吗？

在太空中睡觉可不是件容易事。没有了我们熟悉的重力，也就没有床可以躺下。宇航员们必须适应悬在半空中睡觉，他们要让自己的肌肉足够放松，然后迷迷糊糊地睡去。在飘浮状态下睡觉可能有点儿棘手，许多太空新手证实，他们会被下坠（falling）的感觉惊醒。"Falling asleep"（原意为"入睡"）被赋予了新的含义"坠入睡眠"。曾有一名苏联宇航员是太空睡眠方面的专家，同伴们常常看见他在自己的睡眠舱外面飘着，沉浸于深度睡眠之中，身体还时不时地在撞到舱壁后被弹回去。

遍布空间站的扶手

　　国际空间站内部遍布扶手，这样宇航员们就可以借助扶手去往各处活动。为了测试不借助任何外力能否移步他处，"奋进号"（Endeavour）航天飞机上的两位宇航员做了一个实验。他们为同机的宇航员南希·柯里（Nancy Currie）[①] 精心选择了一个位置，南希在那儿无法够到任何一个扶手。悬浮在半空的南希发现，无论自己用多么猛的劲儿动弹，无论自己再怎么用力地挥舞双臂，她仍然会悬在原处，无法移动。

[①] 南希·柯里，工程师，美国陆军上校，NASA 前宇航员，曾 4 次执行航天飞行任务。她在太空中的时长为 41 天 15 小时 32 分。——译者注

哪面是"上"？

　　在太空中，你要自己决定哪面是"上"。与科幻小说里的飞船不同，现实中的空间站将所有的舱壁都用于储存各种东西了，没有过道，没有天花板，也没有空荡荡的长廊。持续绕轨道运行的空间站里的宇航员发现，在执行各种任务，比如维修故障、开展实验时，就算是跟其他宇航员碰个面，他们也必须有意识地为自己选择一个方向作为"上"。

"星光"闪耀的地球

夜晚时分，我们很难从众多星星中找到地球在哪里[①]。正如宇航员萨莉·莱德（Sally Ride）[②]观察到的那样：

> 每颗行星的轨道总有一部分会把我们带入它的暗面。太空的夜晚非常非常黑暗，但也不是全无东西可看。"星际城市"的万家灯火闪耀，在没有月亮的夜里，我们很难辨认出星空中的地球。那黑暗背景上闪烁着光芒的，可能是恒星，也可能是地球上的城市[③]。

[①] 从空间站看到的宇宙是黑色的。黑暗宇宙中的点点星光正是遥远的恒星发出的光芒。地球背对太阳的那一面也是黑暗的，几乎和宇宙融为一体。——译者注

[②] 萨莉·莱德（1951—2012），美国物理学家、宇航员。1978年加入NASA，1983年成为第三位进入太空的女性宇航员，也是第一位进入太空的美国女性，至今保持着宇航员进入太空时年龄最小的纪录（32岁）。她在太空中的时长为14天7小时46分。——译者注

[③] 地球的夜晚时分，人类聚集的地方灯光闪耀，从空间站望去，犹如黑暗宇宙中的闪闪恒星。——译者注

头朝下的尝试

众所周知，宇航员们会在太空里做一些个人实验，以测试自己在自由悬浮环境中的身体极限，例如，颠倒着撒尿，蒙上眼睛看自己会不会失去方向（谜底：会的！）。宇航员们常常被告知，要怀揣着一颗孩童般的好奇心去探索太空。

太空闻起来像什么？

对于太空之味，可谓众说纷纭。虽然宇航员们不能通过宇航服直接嗅到太空的气味，但他们会在太空行走之后闻一闻留存在气闸室里的太空气味。答案不一。有人说，太空闻起来像在雪地里打了一个滚之后的湿衣服；有人说，太空闻起来像烤焦的杏仁饼干；有人说，太空闻起来像焊接东西时甜丝丝的烟雾；有人说，太空闻起来像臭氧、火药燃烧或炸肉排；还有人说，太空闻起来就像汽车引擎过热时散发出的那种气味，只是温和了一点儿。大家说的所有这些太空气味的终极来源，都是创造了太阳系的濒死恒星以及这些恒星所生成的多环芳烃。当宇航员在太空行走时，多环芳烃会"赖"在宇航员的宇航服上，一同进入气闸室。

这突如其来的重力啊！

　　很多宇航员都有过这样的经历：从太空返回地球之后，他们常会失手使家里的东西掉在地上——他们以为这些东西还能飘在空中呢！当他们朝别人扔个什么东西时，直到看着东西掉到地上，他们才反应过来这是在地球上，有重力作用，得多用点力气扔出去才行。因为总是忘记重力的存在，茶杯、牙膏管、比萨盒和钢笔什么的统统成了"牺牲品"。

太空适应综合征

大多数宇航员在太空中会呕吐，这要归因于太空适应综合征（又叫航天运动病），也就是在进入太空的头几天由失重而引起的一系列头痛、恶心和呕吐等症状。美国共和党参议员杰克·加恩（Jake Garn）① 也是一名宇航员，他曾于 1985 年搭乘"发现号"航天飞机上天。加恩经历了史上最为严重的太空适应综合征。根据加恩的亲身经历，人们甚至发明了一个非正式用语："呕吐程度"（vomit scale）。

正如宇航员培训师罗伯特·E. 史蒂文森（Robert E. Stevenson）所说：

> 杰克·加恩在宇航员队伍中创造了历史，他代表着有史以来太空不适症状的最大极限。所以，我们把彻底病倒和完全不合格定为"1 加恩"，绝大部分人的不适程度顶多达到"0.1 加恩"。

① 　杰克·加恩，1985 年作为载荷专家搭乘"发现号"航天飞机上天，成为美国国会中第一个进入太空的人。他在太空中的时长为 6 天 23 小时 55 分。——译者注

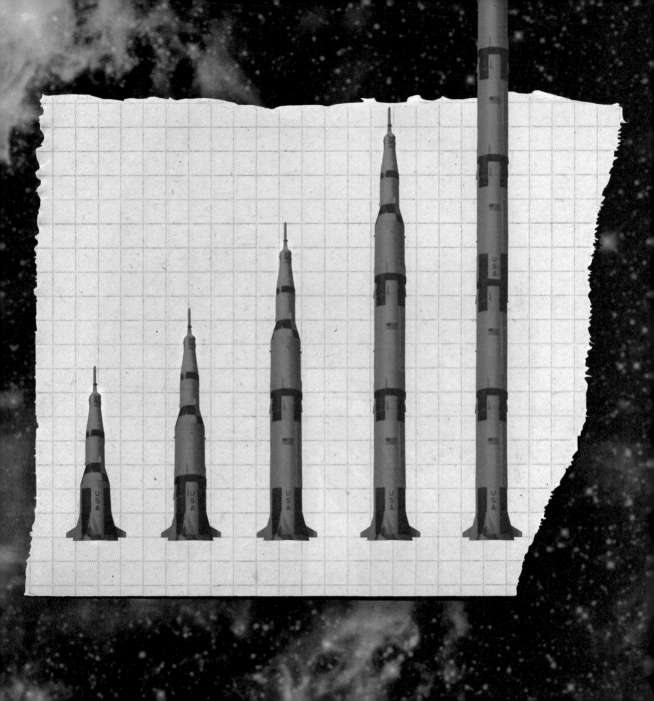

宇航员如何打喷嚏?

　　有些宇航员的训练内容包括学习如何打喷嚏。在太空行走期间,宇航员可躲不过某些"世俗小事"的干扰,比如汗水、鼻涕和泪滴,随便哪个都能致使他们暂时失明。宇航员们除了要在太空中努力保持冷静、不哭鼻子,还得个个都是打喷嚏的专家。他们得熟练掌握怎么对准下方打喷嚏,以免把头盔里面搞得一团糟。

纯天然焰火表演

地球为宇航员们呈现了史诗级的纯天然焰火表演——夜晚的雷暴。宇航员萨莉·莱德是这样描述的：

在绕转轨道上看到的所有风景里，最令人瞩目的要数闪电在夜晚点燃云层的壮观景象。在地球上，我们从云层之下看闪电；在轨道上，我们从云层之上看闪电。耀眼的闪电击中云层，被分散成燃烧的光球。有时，一场雷暴能绵延几百千米，看上去如同一支横贯大陆的劲旅在向连绵的云朵投掷烟花。

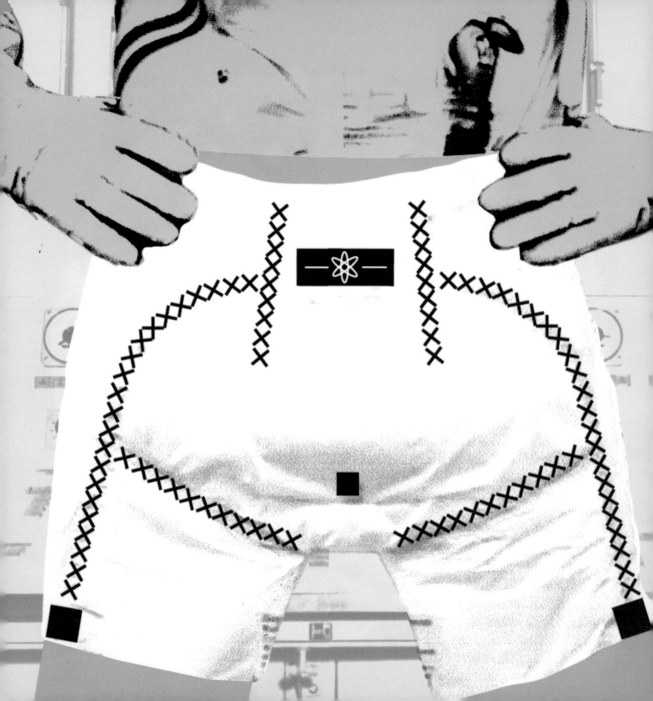

在纸尿裤里"嘘嘘"

在纸尿裤成为宇航员起飞、着陆和太空行走的标准装备之前，人们考虑和使用过许多其他东西。在 1961 年执行亚轨道太空飞行任务时，"水星计划"的宇航员格斯·格里索姆（Gus Grissom）[1]为了让所有的尿液流进安全储层，特地穿了一条双层橡胶裤。在早期太空飞行中，有些宇航员还会用改良版的安全套，将安全套的其中一端与尿液收集袋连接起来。几十年后，在 20 世纪 80 年代，纸尿裤率先被女性宇航员使用。在意识到穿着纸尿裤小便，远比在连着尿液收集设备的安全套里"嘘嘘"舒服得多之后，男性宇航员们最终也选择了纸尿裤。

---

[1]　格斯·格里索姆，美国第一个载人航天计划"水星计划"的初始宇航员之一，机械工程师。他是进入太空的第二个美国人，也是 NASA 宇航员队伍中第一个两次进入太空的人。他在太空中的时长为 5 小时 7 分。1967 年，格里索姆在"阿波罗 1 号"的一次例行测试中因舱内大火牺牲。——译者注

噪声一定不好吗？

对我们的耳朵来说，太空寂静一片。然而，对于经历过太空生活的宇航员来说，根本毫无寂静可言。从空间站通风系统永不停歇的"嗡嗡"声，到宇航服内生命支持系统工作时的噪声，单从听觉上讲，太空旅行堪称最不安宁的人生经历。有些人觉得这些噪声很讨厌，但宇航员斯科特·帕拉津斯基（Scott Parazynski）①却将它视为一种安全保障：

> 当你被裹在宇航服里时，说真的，那种"嗡嗡"作响的声音让人感到一丝安慰。你总是能听到风扇的"呼呼"声，而风扇保证了宇航服里的氧气循环，那可是你的生命线。你还能听到无线电的"噼啪"声，这代表着你此刻没有失联。如果你的宇航服内变得一片沉寂，那就糟了。所以，说实话，我对一片寂静可没什么好感。

---

① 斯科特·帕拉津斯基，美国物理学家，NASA 前宇航员。曾执行 5 次航天飞行任务，7 次太空行走任务，2009 年从 NASA 退休。帕拉津斯基是目前唯一既去过太空又登顶珠穆朗玛峰的人。他在太空中的时长为 57 天 15 小时 34 分。——译者注

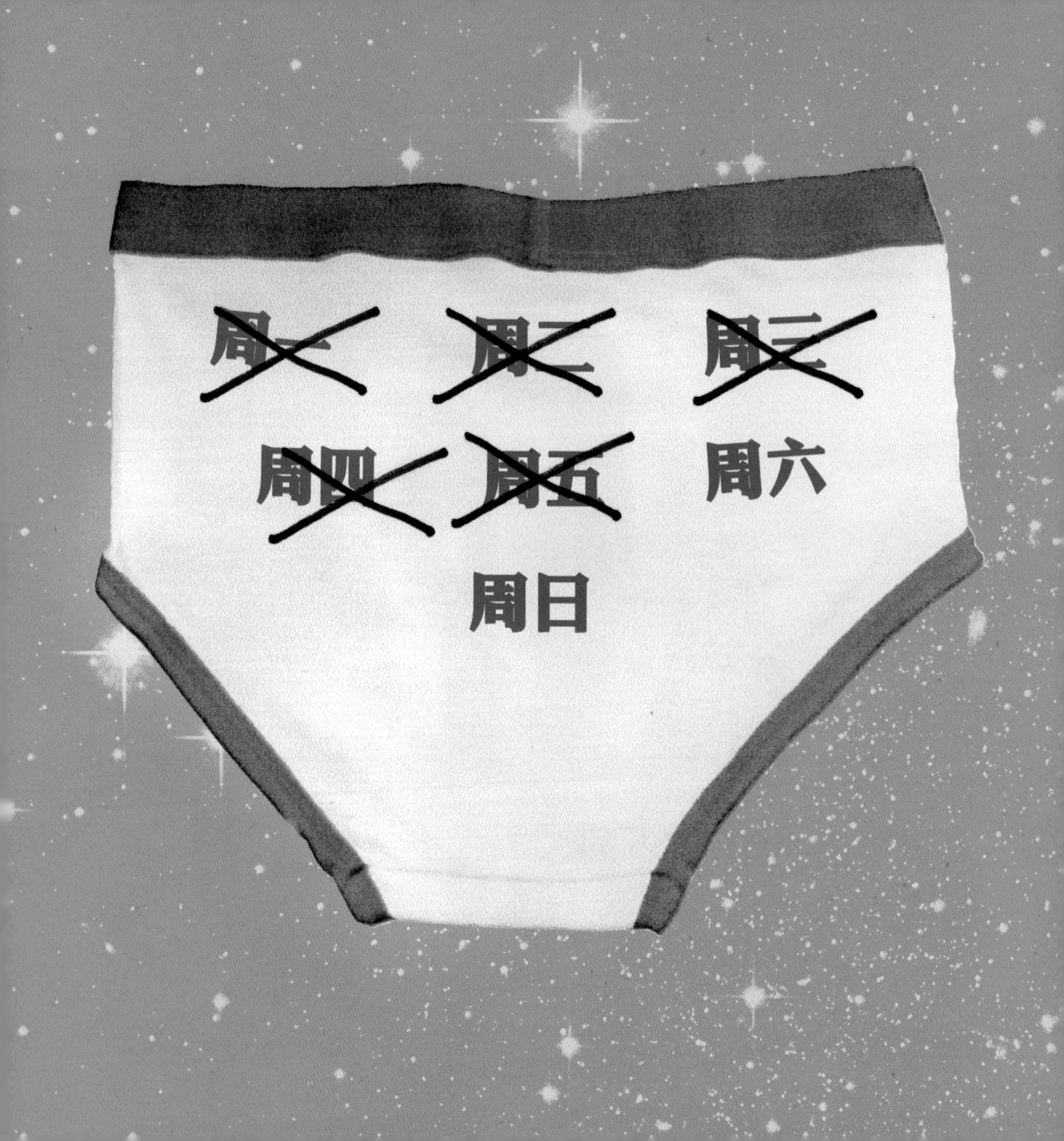
周一 周二 周三
周四 周五 周六
周日

衣服脏了也不怕

　　太空中可没有洗衣店。不过谢天谢地，由于衣物在微重力环境下会飘离你的体表，所以不会像在地球上那样吸收你身上所有的异味。结果就是，宇航员们承认，有时候他们会一条内裤连着穿好几天都不换。许多宇航员说，自己在太空期间嗅觉会失灵，所以，不洗衣服也没什么大不了。

缓慢挪动的"怪兽"

对于人体而言，从太空飞回地球要经受的考验可比从地球飞上太空时更严峻。在太空中待久了，宇航员的骨骼和肌肉会因缺乏重力而发生萎缩。这一严峻问题需要宇航员们奋力应对，却也会在他们回到地球后引发一系列滑稽现象。加拿大宇航员克里斯·哈德菲尔德（Chris Hadfield）[①]回忆说：

> 我回到地球后，连着 7 天都没有通过清醒度测试，最终过了 4 个月才能正常跑步。在回来的第一周里，我只能吃力、缓慢地挪动，就像一个家伙在假扮怪兽哥斯拉（Godzilla）。

[①] 克里斯·哈德菲尔德，第一个在太空行走的加拿大人，两次执行航天飞行任务，曾担任国际空间站指挥官。他在太空中的时长为 166 天。——译者注

悬浮的大脑

宇航员们回到地球之后会处于悬浮状态——至少大脑是这样欺骗他们的。有几个宇航员称，他们醒来的时候总感觉自己悬浮在床的上方。宇航员卡伦·纽伯格（Karen Nyberg）[1]回忆说，有一次她醒来时以为自己处于失重状态，后背正贴着卧室的天花板，俯视着自己的梳妆台。

---

[1] 卡伦·纽伯格，机械工程师，NASA 宇航员。1991 年起开始从事太空事业，2008 年第一次执行太空任务，是第五十个进入太空的女性。在 2008 年和 2013 年的两次任务中，她在太空中工作共计 180 天。——译者注

汗水能积成大水球？

在太空中，宇航员每天要锻炼两个半小时，以对抗失重环境下骨骼密度和肌肉质量的下降。可是，太空锻炼有时也会让人处于"胶着状态"。国际空间站里的健身脚踏车既没有车座，也没有车把，因为完全不需要，宇航员只要把自己的脚绑在脚踏板上就可以蹬车了，空闲的双手可以随意翻翻书或是摆弄摆弄音乐播放器。但是，运动时出的汗有时会带来麻烦，当汗水黏在身上无法飘走时，汗水将越积越多，最终会形成一些大水球——这也是另一个你要带条毛巾去太空的原因。

空间站里的混乱

　　对一名新手宇航员来说，在空间站生活可不容易，他们需要花时间学习如何在半空中优雅地游来游去。一名宇航员承认，当他第一次试着从一个舱飞到另一个舱时，因为动作过猛引发了一场混乱：在他的身后，笔记本电脑和其他一堆设备全都飘了起来。"初来乍到时，你就像一头冲进瓷器店里的牛犊，毛手毛脚的。"他说道。

如何唤醒味蕾？

　　在太空中吃饭，可谓味同嚼蜡，倒不是因为冻干食品本身让人毫无食欲，主要还是因为失重。鼻腔黏液因重力不足而飘散在宇航员的鼻腔里，从而引发鼻塞，宇航员会觉得自己得了重感冒。鼻子通气不畅，导致部分嗅觉丧失，也难怪宇航员吃起所有东西来都觉得无滋无味。于是，地面中心常把大堆大堆的辣椒酱、芥末酱、辣根酱等送去太空，以刺激宇航员的味蕾。

星星为何不再闪烁？

　　在太空中看星星，会让人觉得自己之前仿佛一直生活在一个气泡之中。曾两次执行航天任务的宇航员迈克·马斯米诺（Mike Massimino）[1] 描述了他在太空行走时望向星空的感受：

> 在地球上看星星和在太空中看星星的区别，有点儿像从游泳池水底看太阳和从游泳池水面之上看太阳的区别。没有了大气层的遮挡，所有的星星都不再闪烁，它们只是完美的光点而已。

---

[1] 迈克·马斯米诺，工程师，NASA 前宇航员，曾两次执行航天飞行任务，均与哈勃空间望远镜有关，包括该望远镜极具历史意义的最后一次大修。他在太空中的时长为 23 天 19 小时 48 分。——译者注

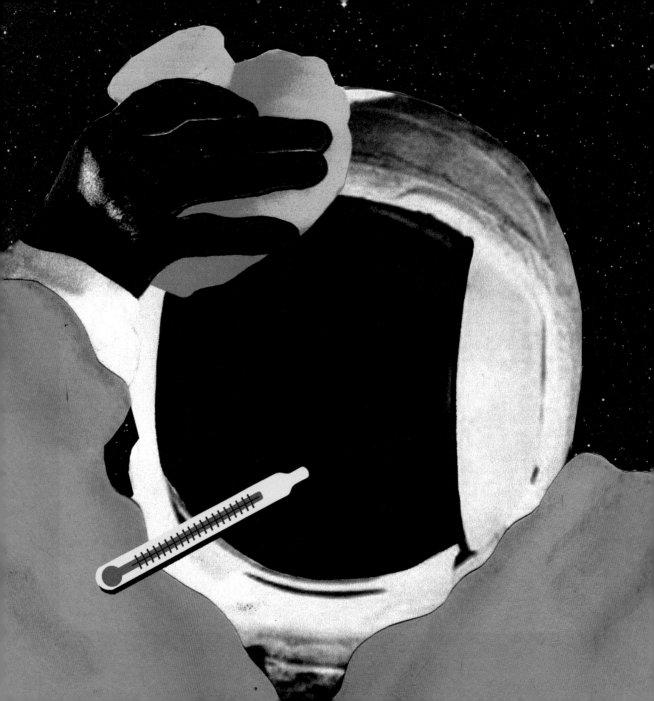

折磨人的太空感冒

在太空里感冒有时会特别烦人。因为失重，鼻涕无法附着在鼻腔里，黏液在你的鼻腔内到处游荡，一次次地清理也无法缓解耳朵和鼻孔的堵塞感。"阿波罗 7 号"上天时，三名宇航员被常见的感冒折磨并激怒，甚至到了"发动暴乱"的程度。面临着纸巾即将用尽、耳膜几乎要爆裂的威胁，他们甚至拒绝服从"重返大气层须佩戴头盔"的安全指令。

太空的浪漫有多久？

待在太空的"浪漫气氛"在一段时间之后就会慢慢消散。比利时宇航员弗兰克·德·温尼（Frank de Winne）[1]解释说：

如果你只在太空中待一两周，那么你会一直处于"嗨翻"的状态。但如果在太空住6个月，情况就不一样了。不管遇到多少不可避免的挫折，你都得做好情绪管理和自我激励。短期太空旅行遇到的小麻烦，会在长期太空生活中成为家常便饭，比如不能洗澡，吃不到新鲜水果。最让你想念的，是与爱妻、孩子以及其他亲友的亲密接触。

---

[1] 弗兰克·德·温尼，比利时空军军官，欧洲空间局宇航员。他是第二个进入太空的比利时人，第一个是来自欧洲空间局的国际空间站指挥官。他在太空中的时长为198天17小时34分。——译者注

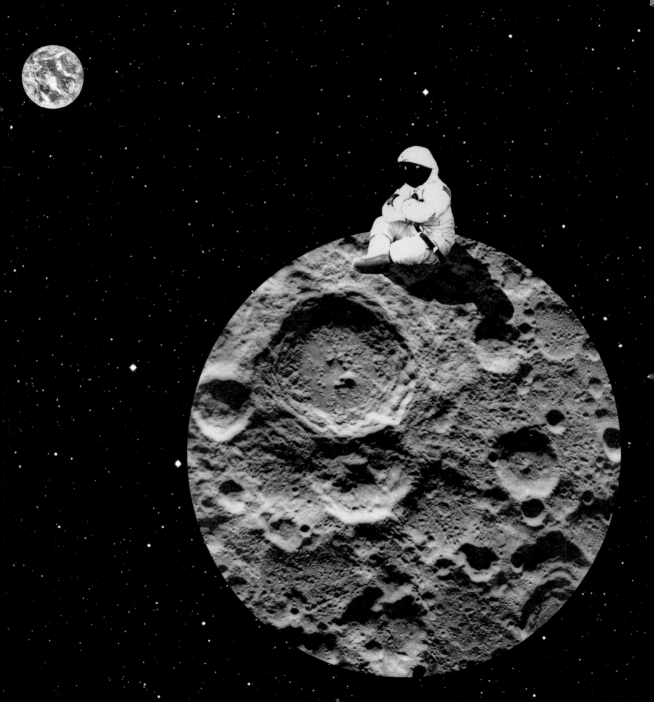

如何创造私人空间？

即便太空生活已经将宇航员与大部分世界隔绝开来，但空间站里并没有私人空间。对于共事的这一群男人和女人来说，情况不免有些尴尬。在老式宿舍里，如果有人需要私密空间，就会在门把手上挂一只袜子。太空中的宇航员们则改进了做记号的方式：如果有人在对接舱的圆形入口处挂了一条毛巾，那便是太空版的"请勿打扰"标志了。

舍不得睡觉

初次进入太空的人，很容易失眠。阿努什·安萨里（Anousheh Ansari）[①] 是首个进入太空的伊朗裔宇航员，她激动得难以入睡。

夜里我试图睡觉，但我知道自己在国际空间站的时间很有限，便禁不住一直望向窗外，看着地球、星星和太空中所有的一切。在我准备返回地球的时候，我实在是太缺觉了，困到连眼睛都睁不开。

她的"舱友"们简直无法相信，他们准备重返大气层时，安萨里竟然睡着了！不过她没睡多久——就算是睡得再沉的宇航员，也会被重力作用和穿行大气层时燃烧产生的橘红色火光唤醒。

[①] 阿努什·安萨里，伊朗裔美国工程师。2006 年，她成了第一个进入太空的伊朗人。她是第四个完全自费的太空游客、第一个自费去国际空间站的女性，也是第一个在太空发博客的人。——译者注

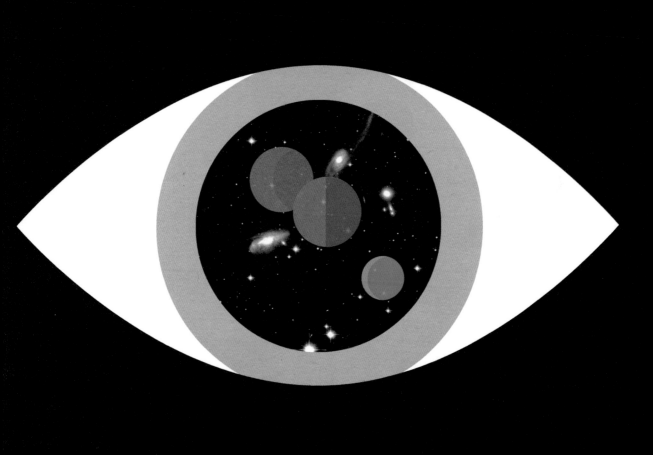

如何在太空找到家？

对于一些长时间待在太空的旅行者来说，太空的方方面面会变得黯淡无光、乏善可陈，然而，也有一部分宇航员对太空经历颇有好感。宇航员迈克尔·洛佩斯－阿里格利亚（Michael López-Alegría）[1] 曾在太空中连续生活了 215 天。

把长期任务比作马拉松让我感到有点焦虑，我担心自己会无聊或者想回家。后来我发现，这个想法简直大错特错！我很高兴自己去了太空，并且按照与在地球上差不多的节奏开始生活——真的是在太空中生活，而不只是在太空中工作。你有时间去适应环境、回忆过往、凭窗远眺，你有时间读书写作，或与人通个电话什么的。如果说这与地球生活有什么区别的话，只不过是多了点太空的感觉。我既开心又惊喜，感觉自己与周围的环境更亲近了，甚至有一种在家的感觉。

---

[1] 迈克尔·洛佩斯－阿里格利亚，西班牙裔美国宇航员，曾执行过 3 次航天飞行任务和 1 次国际空间站任务，太空行走多达 10 次，他的舱外工作时长在所有宇航员中名列第二。他曾在国际空间站内连续生活 215 天，是待在太空时长排名第二的美国人。他在太空中的时长为 257 天 22 小时 46 分。——译者注

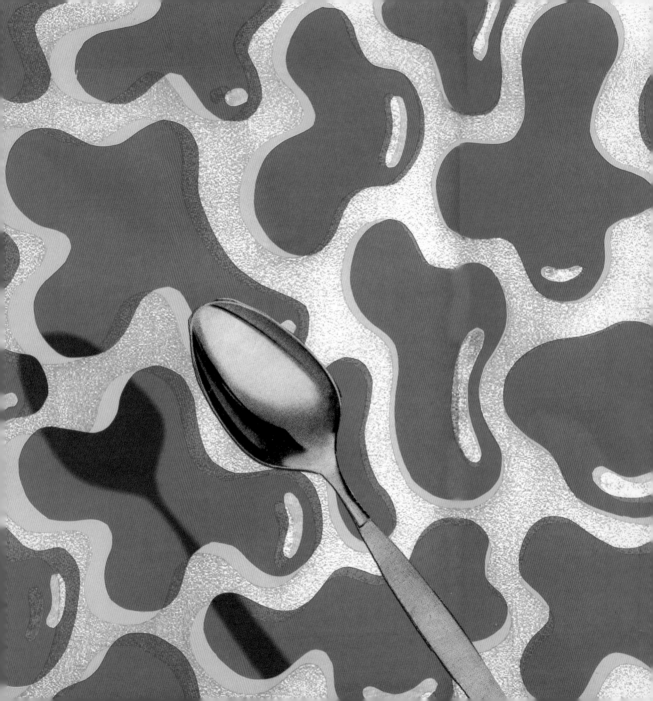

手疾眼快的食物游戏

在太空中，没有一个宇航员不做食物游戏。如果能用嘴接住飘在空中的零食，干吗还要用手呢？当然，有些食物比较难"对付"，阿努什·安萨里发现：

当你打开一袋流食，比如酸奶或汤，如果你不是非常非常小心的话，漏出的液体会像气泡一样飘出来，四处乱飞，你必须用勺子接住这些液体球。如果你没有眼疾手快地接住它们，当一个小液体球撞了一下你的勺子，它便会变成 10 个更小的液体球，那你就得去抓 10 个"气泡"啦。

宏观尺度的认知转变

从太空俯瞰地球，许多宇航员会不可避免地经历认知转变，产生地球本就脆弱且有限的想法，这种体验被称作"总观效应"。理查德·加里奥特（Richard Garriott）[1] 在听说这个词之前，已然有了总观效应的亲身体验：

> 从太空望向地球，你能在宏观尺度上看到自然与人类对地球的改造。你能看到太平洋上空的云层如同经过计算，呈现出均匀的碎片状；反观大西洋上空，云层结构一片混乱；水蚀、风蚀的地表产物，板块运动形成的深谷沟壑，陨石撞击地球的痕迹都清晰可见；每一片沙漠里都有道路和房屋，都有人类用地下水灌溉的农田；山脉上道路交错，河流上大坝高筑。在遥望地球一周之后，我还看到了自己的成长之地和曾经游览过的地方。突然之间，地球从我心中的巨大神秘之物，变成了渺小、有限的存在。

---

[1] 理查德·加里奥特，网络游戏产业缔造者之一，《创世纪》系列游戏之父。他于 2008 年搭乘俄罗斯"联盟 TMA-13 号"载人飞船升空，由此成为全世界第六名太空游客，与他的父亲、前职业宇航员欧文·加里奥特一起，成为美国首对遨游太空的父子。他在太空中的总时长为 11 天 20 小时 35 分。——译者注

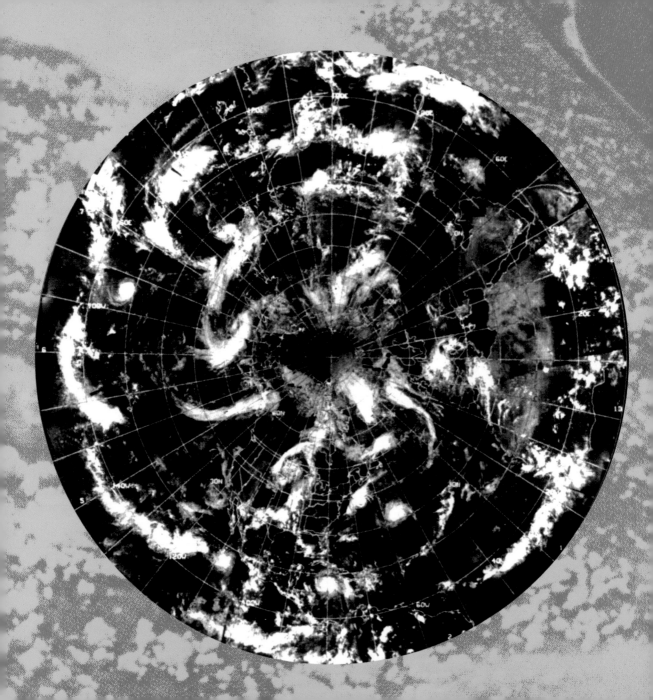

太空视角的云层之美

绝大部分的地球表面都被海洋和云层所覆盖，有着 3 次太空经历的桑迪·马格努斯（Sandy Magnus）[1]深深着迷于从太空中观察云层：

从太空望去，云彩仿佛有着自己的个性：雷暴云个头硕大，怒气冲冲；海面上的云彩整齐有序，形似波点；有些云彩浮肿鼓胀，沉甸甸的。日落时分俯瞰，雷暴云呈现出粉色、红色和黄色，正如我们在地面之上、云层之下看到的那样。不过，请你想象一下在云层顶端目睹这些色彩的感觉吧。有时候，你甚至能看到云层反射的月光。水和云与你为伴，自始至终。

---

[1] 桑迪·马格努斯，工程师，NASA 宇航员。她曾 3 次执行太空任务，包括美国"航天飞机计划"的最后一次任务。她在太空中的时长为 157 天 8 小时 42 分。——译者注

进入太空第一人

苏联宇航员尤里·加加林（Yuri Gagarin）[1]是第一个进入太空的人。他十分清楚载人航天事业的开启对人类历史的重要意义。1961 年，在乘坐宇宙飞船上天之前，对于自己所感受到的意义和重大责任，加加林是这样说的：

> 成为第一个进入太空、单枪匹马与自然展开前所未有之搏斗的人——还有什么梦想比这更伟大呢？紧接着我便想到了自己。作为实现一代代人类梦想的第一人，作为为人类走向太空铺平道路的第一人，我担负着艰巨的责任。我不是对一个人和一群人负责，也不是对一个团体负责，而是要对全人类负责，对人类的现在与未来负责。

---

[1] 1961 年 4 月 12 日，莫斯科时间上午 9 时 07 分，加加林乘坐"东方 1 号"载人航天飞机从拜科努尔航天发射场起航，在最大高度为 301 千米的轨道上绕地球 1 周，历时 1 小时 48 分，完成了全球首次载人航天飞行。——译者注

一块三明治惹的祸

在载人航天事业起步初期，太空食物要么被做成立方体的形状，要么被装进管子里。肉类会被捣碎，如同半固体状的婴儿食品，黏糊糊的，被装进可挤压的铝管里。在麦片和饼干等食品被压制成立方体形状之前，人们会在它们表面涂上淀粉或食用胶，以减少食用时产生的碎屑。执行"双子座 3 号"（Gemini 3）任务的宇航员约翰·扬（John Young）[①]不喜欢"享用"这些美食，他进舱时偷偷带了一块腌牛肉三明治。当他和同事格斯·格里索姆分别咬下第一口时，三明治碎屑满舱飞，险些堵塞了某些至关重要的航天仪器。NASA 对这块"走私上天"的腌牛肉三明治大为不快。

[①]　约翰·扬，NASA 前宇航员，1972 年执行"阿波罗 16 号"登月任务，成为第九个踏上月球的人。约翰·扬是美国航天史上宇航员生涯最长、执行任务最多的宇航员之一。他是第一个 6 次进入太空的人，也是第一个操纵过 4 种航天器——双子星航天器、阿波罗指令 / 服务舱、登月舱和航天飞机的宇航员。他在太空中的时长为 34 天 19 小时 39 分。——译者注

有惊无险的降落

当俄罗斯"联盟号"（Soyuz）载人飞船的太空舱如陨石般从太空坠落地球时，宇航员们突然发觉他们的胳膊和腿不能动了，落地后他们无法自己爬出舱外。地面搜救人员打开舱门，切断宇航员的座椅安全带并用毯子裹住他们，然后把他们抬出舱外，让他们回归地球世界。

宇航员罢工了！

　　宇航员们的每一分每一秒都被安排得一丝不苟、滴水不漏。既要完成一大堆任务，还没有足够的休息时间，这使得宇航员们在太空里几乎没有时间思考自己身在太空的感受。1973 年，天空实验室 4 号（Skylab 4）的一队宇航员认为地面指挥中心把他们的日程安排得太紧，所以罢工了。他们关掉无线电通信设备，切断与地球的联络，把这一天的时间用于凝望窗外的美景、思考宇宙万物。宇航员威廉·波格（William Pogue）[1] 写道：

　　　　我们已经超负荷运转了。我们一整天都在拼命忙活，虽然景色不错，但工作有时候单调无聊、没完没了。

　　这次罢工事件之后，NASA 才同意给宇航员们留出更多私人时间，让他们能有时间看看宇宙、发发呆。

---

[1]　威廉·波格，NASA 前宇航员，1966 年加入 NASA，先后参与了"阿波罗计划"和天空实验室轨道工作站项目。他在太空中的时长为 84 天 1 小时 15 分。——译者注

昆虫在太空还会飞吗？

　　无论是人还是昆虫，太空飞行的首要任务都是掌握"太空飘浮"的技能。许多长翅膀的昆虫曾被人类带上太空，但它们的表现通常都不怎么优雅。蝴蝶慌乱地往屏障上面撞；蜜蜂在罩子里无助地翻跟头；对于喜爱拍打双翅在墙上走来走去的家蝇来说，太空飞行可不怎么讨它喜欢；飞蛾倒是很适应微重力环境，毫不费力就能飘来飘去。

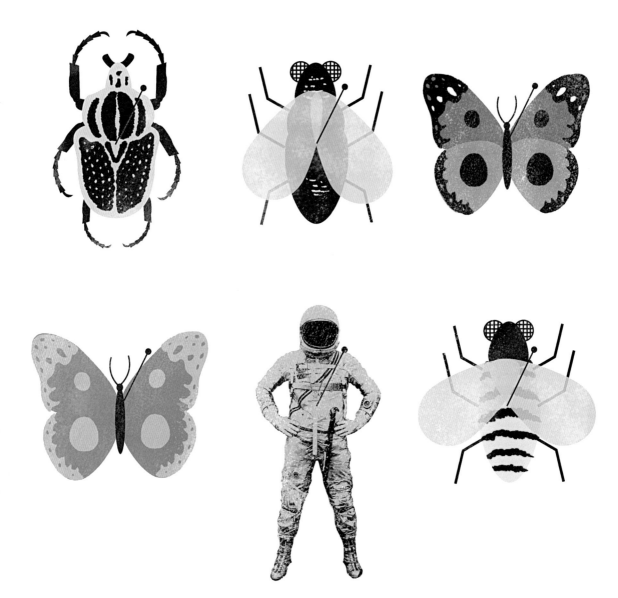

宇航员们的"货币"

  天空实验室是美国的第一个空间站，那里的宇航员们发明了自己的"货币"——曲奇饼干。这些饼干是地球上的营养师在火箭发射之前为宇航员们新鲜烤制的，被身处太空的宇航员们视若珍宝。如果某位宇航员需要找别人帮忙，他就得"收买"这名同事，代价嘛，就是付出一块所有人都梦寐以求的曲奇饼干。

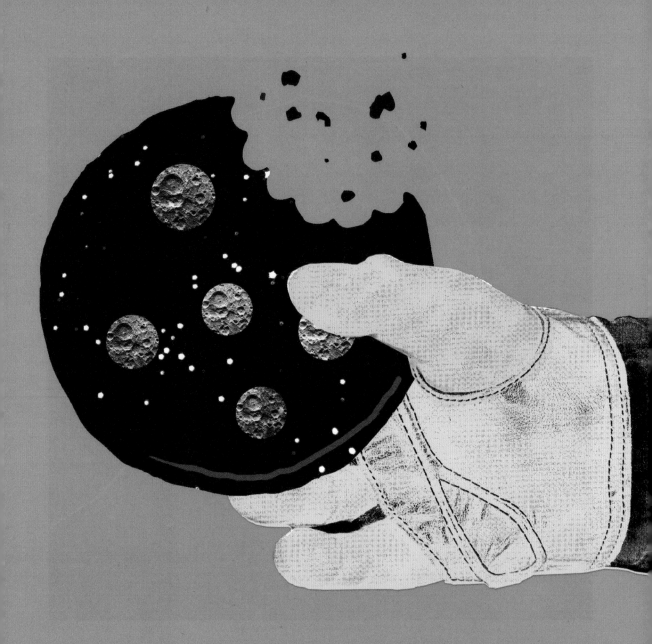

宇宙精灵的造访

　　宇航员们每隔几分钟就会被捣蛋的宇宙精灵们造访。宇航员、著名天文摄影家唐纳德·佩蒂特（Donald Pettit）[1] 解释说：

　　　　在太空里，我看见了并不存在的东西。我眼里闪过一道道光，如同一群精灵在眼前跳舞，不过当我忙于日常工作时就会忽略这些。当我在黑暗的睡眠舱里昏昏欲睡时，也会看到闪烁的精灵。如果宇宙射线穿过你的视网膜，视杆细胞和视锥细胞会受到刺激，你便会觉得有一道光闪过，其实并没有。缺少了大气层的保护，我们在国际空间站里会受到宇宙射线的暴击。宇宙射线能直接穿透空间站，而且不放过站里的任何东西，全都要"捉弄"一番：要么锁住你的笔记本电脑，要么敲掉相机的几个像素点。电脑可以重启，但相机受到的损害却是永久的。一年之后，用这些相机拍出来的照片，看上去就像蒙了一层电子雪花。

---

[1]　唐纳德·佩蒂特，化学工程师，NASA 宇航员，曾经两次在国际空间站执行长期太空任务。他在太空中的时长为 369 天 16 小时 41 分。截至 2017 年，62 岁的佩蒂特是 NASA 最年长的现役宇航员。——译者注

俯瞰炫目极光

从轨道上看极光，许多宇航员都深深着迷于这一景象。宇航员克里斯·哈德菲尔德有过一次特殊的经历，他在太空行走时曾俯瞰极光：

极光爆发时，就像在上演一场绵延几千千米的激光秀。以裸眼看到的极光颜色，比在相机里看到的鲜艳多了。当随着航天飞机驶过南极上空时，我看到了绿色、红色、黄色、橙色的极光，连绵不绝，在我脚下倾泻而出，而这些只是极光表演的"序幕"。这一切看起来太奇妙了。

冰激凌派对

比起博物馆和纪念品店里售卖的袋装冰激凌，真正的太空冰激凌要可爱得多。当"阿波罗 7 号"在 1968 年升空时，宇航员们的食品平淡无奇，而之后的天空实验室和航天飞机都装上了冰箱，新鲜的冰激凌也就可以带上天了。天空实验室的宇航员们甚至在太空举办了冰激凌派对。他们聚在一起，一边品尝着香草味和草莓味的冰激凌，一边观赏着窗外宇宙万物的运转。

东西丢了去哪找？

在太空中很容易丢东西。大多数太空服装的口袋都有拉链，但并不是你每次放了东西都能记得拉上拉链，因此没被固定住的东西便会飘出来飞走。宇航员阿努什·安萨里第一次去太空时，就是这么弄丢了她的唇膏。因为担心飘浮物可能会损坏空间站，她跟一位同事讲了这件事。万幸的是，同事告诉她，国际空间站有一个大风扇，会把所有飘浮在空中的"不明物体"吸进去，那儿就像是一个失物招领处，每周都会有人去检查一次。果然，安萨里的唇膏就卡在里面，那里还有不少从她同事那儿不小心飘走的物件。

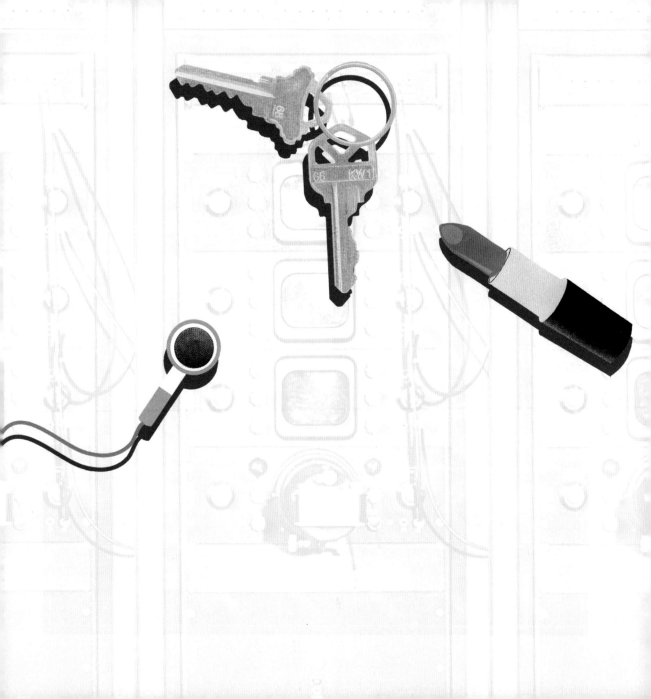

七月

周一	周二	周三	周四	周五	周六	周日
			1	2	3	4
5	6	7	8	9	10	11
12	13	14	15	16	17	18
19	20	21	22	23	24	25
26	27	28	29	30	31	

大受欢迎的太空料理

为了便于储存，太空食物又是脱水处理，又是辐照灭菌，又是耐热处理，不难想见，大多数太空食物都不怎么美味可口。鸡尾冷虾常常被认为是一道太空佳肴，虽然食材也经过冻干处理，但实属为数不多的保持了口感的食物之一。在太空里，为了照顾自己不太敏感的味蕾，宇航员们还会为这道美食搭配一管芥末，那自然是更妙了。几十年来，宇航员们都把鸡尾冷虾列为他们最爱的太空料理，有人甚至上瘾到连续几周每日三餐都吃这道菜。

众星环绕的景象

对于绕转地球的宇航员来说，他们的周围总环绕着各种太空物体和宇宙景色。在身处国际空间站的日子里，宇航员唐纳德·佩蒂特的观察是这样的：

当你俯瞰太空时，偶尔会看到流星划过。恒星、行星和银河系就在眼前，你心里不免有些紧张……有时，你看到太空垃圾飘在附近的轨道上，它们在旋转时偶尔会因反光而闪耀……你可以观察到其他人造卫星，有些绕着地球的赤道轨道飞行，有些则沿着两极轨道绕转。你还会发现，有些卫星处于你所在的轨道面上方，你只能在地球的反方向上看到它们；有些卫星仿佛转瞬即逝的照明弹，在短短几秒钟内光芒夺目，而后便逐渐淡出视野之外。

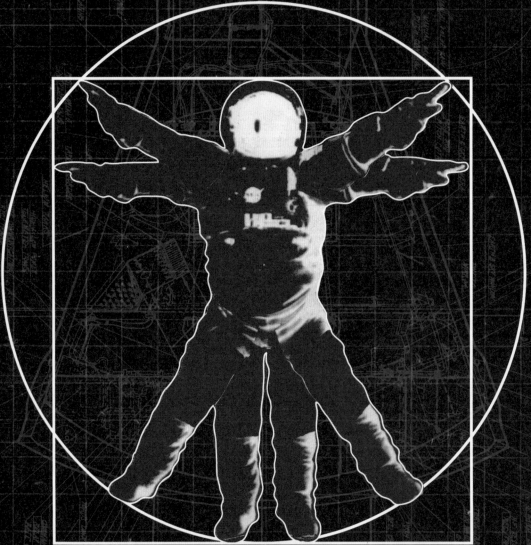

宇航员的测试有多难？

在把人类送入太空之前，没有人知道太空到底是什么样。医生们担心，在失重环境下，宇航员的眼球可能会在眼眶里飘荡从而引起失明，宇航员也可能因无法吞咽食物而忍饥挨饿。出于这些也许太过谨慎的考虑，早期的宇航员接受了许多身体和心理方面的测试。即使在最好的情况下，这些测试也相当令人为难，有些简直是极端的折磨。有人问宇航员约翰·格伦（John Glenn）[1] 哪一项测试最难，他回答道：

> 要从中选出一个来真是太困难了，就好比你只有弄清楚人体表面到底有多少个开口，以及你可以深入每个开口多深，你才能回答出到底是哪一个，那可真是太难了。

---

[1] 约翰·格伦，美国海军陆战队飞行员、工程师、宇航员。他曾在第二次世界大战期间担任战斗机飞行员，1959 年入选"水星计划"，成为第一批 7 名宇航员之一。1962 年，他成为第一个进入地球轨道绕转的美国人。1998 年，作为一名在任参议员，他搭乘航天飞机上天，创下了太空飞行的高龄纪录。格伦也是唯一同时参与美国"水星计划"和"航天飞机计划"的人。这名传奇宇航员于 2016 年去世。——译者注

那些意想不到的细节

　　早期宇航员在太空生活的一切细节都被仔细测量过，从各项生命体征，到他们吃进了多少东西、排出了多少东西。在天空实验室里，宇航员们会测量他们食用的每一餐，然后攒下他们的排泄物，等以后带回地球做分析。这给宇航员威廉·波格带来了一个难题，他在太空里呕吐过。因为不想让指挥中心知道自己身体不适，波格把呕吐袋扔进了密闭舱。然而，在"诡计"即将奏效之际，他突然想起来，自己曾在对讲机里跟一个同事聊起过这个小阴谋。结果你也知道了：所有人都听见了。

睡着后的恐怖一幕

要适应太空中那些不寻常之事，你得花点儿时间。比如，当你身体放松即将入睡时，你的手臂会飘动起来，而不是老老实实地待在你身体的两侧。宇航员万斯·布兰德（Vance Brand）[①]傻乎乎地忘了这事儿，结果自己把自己吓了一跳。其他几位宇航员都把自己固定在睡袋里，布兰德却只用个夹子把自己夹在扶手上就睡了。他半夜时分醒来时，看见有东西在他面前飘荡，吓得魂飞魄散——没错，那是他自己的两只手。

[①] 万斯·布兰德，美国前海军军官和飞行员，航空工程师，NASA 前宇航员。他曾在 1975 年美苏首次联合太空飞行中担任指令舱飞行员，曾在 3 次航天飞行任务中担任指挥官。他在太空中的时长为 31 天 2 小时 2 分。——译者注

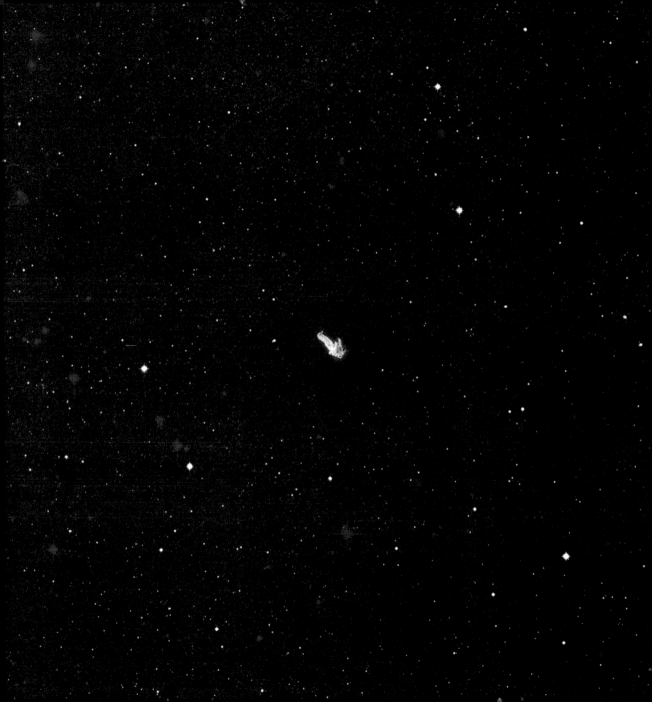

太空散步感觉如何？

宇航员们的太空任务高度协同化，空闲时间对他们来说可是稀罕玩意儿。"阿波罗号"宇航员拉斯蒂·施韦卡特（Rusty Schweickart）[1] 曾在太空行走时给自己"挤出"了 5 分钟空闲：

> 望着地球，我心想："我现在的工作就是做回人类，做一个人。"我将宇航员的身份抛在脑后，而成为一个在太空中的人，"专注于此，沉浸于此，享受于此"。放下防备之心，彻底放松自我。我就是一个普通人，身在太空，眼中是那颗美丽的星球……这一切仿佛是一场颇具哲学意味的哲学洗礼……那 5 分钟是如此特殊的 5 分钟。

---

[1] 拉斯蒂·施韦卡特，航空工程师，NASA 前宇航员，研究科学家。他曾在 "阿波罗 9 号" 任务中担任登月舱驾驶员，这是登月舱首次载人测试。在这次任务中，施韦卡特第一次在太空中测试了用于宇航员登月的便携式生命支持系统。他在太空中的时长为 10 天 1 小时。——译者注

地球的艺术画廊

　　从太空俯瞰，地球的洋流和海床就像一座画廊，有些宇航员会深深地爱上这些遥远的地球"画作"。宇航员桑迪·马格努斯是国际空间站的常客，她回忆了自己最爱的景象：

　　　　在太空中你轻而易举就能观赏到的最美景色是加勒比海。你能看到深浅不一的蓝色，其分布如同彩虹。从翡翠绿到蓝绿色，再到青绿色，再到浅绿色，而后蓝的色调一点点加深变暗，直到颜色极深，那便是大海的极深处了。身在太空的你将这所有的一切尽收眼底。那些曲线美极了，它们绝非粗陋的几何线条，而是缠绕盘旋，如同波涛起伏不绝，看上去仿佛一件现代艺术珍品。

自家后院的太空旅行

绝大多数宇航员在太空中待的时间比较短，任务一般只持续一两周时间。对于那些在太空中一住就是数月的人来说，体验则大为不同。宇航员罗恩·加伦（Ron Garan）[1]将自己在国际空间站的短期和长期旅行做了比较：

你要学习在新环境如何真正地生活。在执行短期任务时，当你眺望地球，你看到的是一张地球生命的快照。而如果在太空中待上几个月，你才会真正意识到，你正望着一个鲜活的、正在呼吸的有机生命体。在执行短期任务时，我在太空行走时会俯瞰地球，当绝美之景映入眼帘，我会激动不已："啊啊啊，我这是在哪儿？"在执行长期任务时，我有四五个月的时间随时望向窗外，去太空行走就像是去一趟自家的后院，我也就不再激动地问其他人"我们这是在哪儿"了。

---

[1] 罗恩·加伦，NASA 宇航员。加伦第一次进入太空是 2008 年作为太空任务专家，搭乘"发现号"航天飞机前往国际空间站。2011 年，他重返国际空间站执行了一次为期 6 个月的任务。他在太空中的时长为 177 天 23 小时 54 分。——译者注

夹在中间的太空行走

　　太空行走虽然激动人心，对宇航员来说却是一项需要一丝不苟去完成的严峻任务。宇航员唯一可能有机会四处看看的时间，就是当机器出了小故障时有人去维修的那几分钟。在一次太空行走期间，宇航员克里斯·哈德菲尔德抓住良机，四处张望了一下：

　　我的身体与意识在激烈斗争……从本质上说，我身处一个单人航天飞机里，那就是我的宇航服，它承载着我的小命，我只能靠一只手抓着飞船或空间站。我被莫名其妙地夹在一个中间地带，炫目的大千世界呼啸而过，身边却一片寂静，那个万花筒完完全全地占据了我的意识。这就好像世间最美妙之物正在你右手边对着你尖叫，而当你望向左手边，却是无边无际的黑暗宇宙，你看不到底，仿佛有庞然大物正张着血盆大口。你就夹在这中间，想方设法让自己理解这一切，然后尽量干点活。

90分钟一次日出

在轨道上，宇航员每90分钟就能欣赏到地球上的一次日出。宇航员迈克·马兰（Mike Mullane）[1]在身处太空的365个小时里，欣赏了200多次日出：

> 我觉得，如果说有什么景色能令一个人真心觉得美丽至极，那就是看到太阳从地球上升起。设想一下，你正凝望着窗外的一片黑暗——黑暗的地球、黑暗的太空。随后，太阳开始上升，大气层如同一面棱镜，把太阳光分成了七色光，仿佛彩虹一般。最开始如同一条深靛蓝色睫毛的就是地平线，随着太阳不断升高，你便能在彩虹里看到红色、橙色和蓝色了……你永远也看不够这样的景色。

---

[1] 迈克·马兰，工程师，美国空军退休官员，NASA前宇航员，曾3次执行航天飞机任务。他在太空中的时长为15天5小时。——译者注

宇航员的"超能力"

　　由于每天都处于完全相同的环境中，宇航员们的感官已经习惯了身边那些微妙的变化。有些人可以根据反射进舱内的光线颜色的变化，来判断他们正飞越地球的哪片区域。有些人能够根据云层的形状，来判断窗外是哪个大洋。有几位宇航员甚至仅仅根据农场的几何形状，就能确认他们正飞越哪个国家的上空。德国宇航员亚历山大·格斯特（Alexander Gerst）[1] 曾在太空里发推特说："当来自国际空间站圆顶的光芒把舱内染成橙色，我不用看窗外，便知道我们正飞掠非洲上空。"

---

[1]　亚历山大·格斯特，欧洲空间局宇航员，地理学家，2009 年入选欧洲空间局宇航员，2014 年首次前往国际空间站执行任务。2018 年夏天，他再度前往国际空间站，并担任空间站指挥官。——译者注

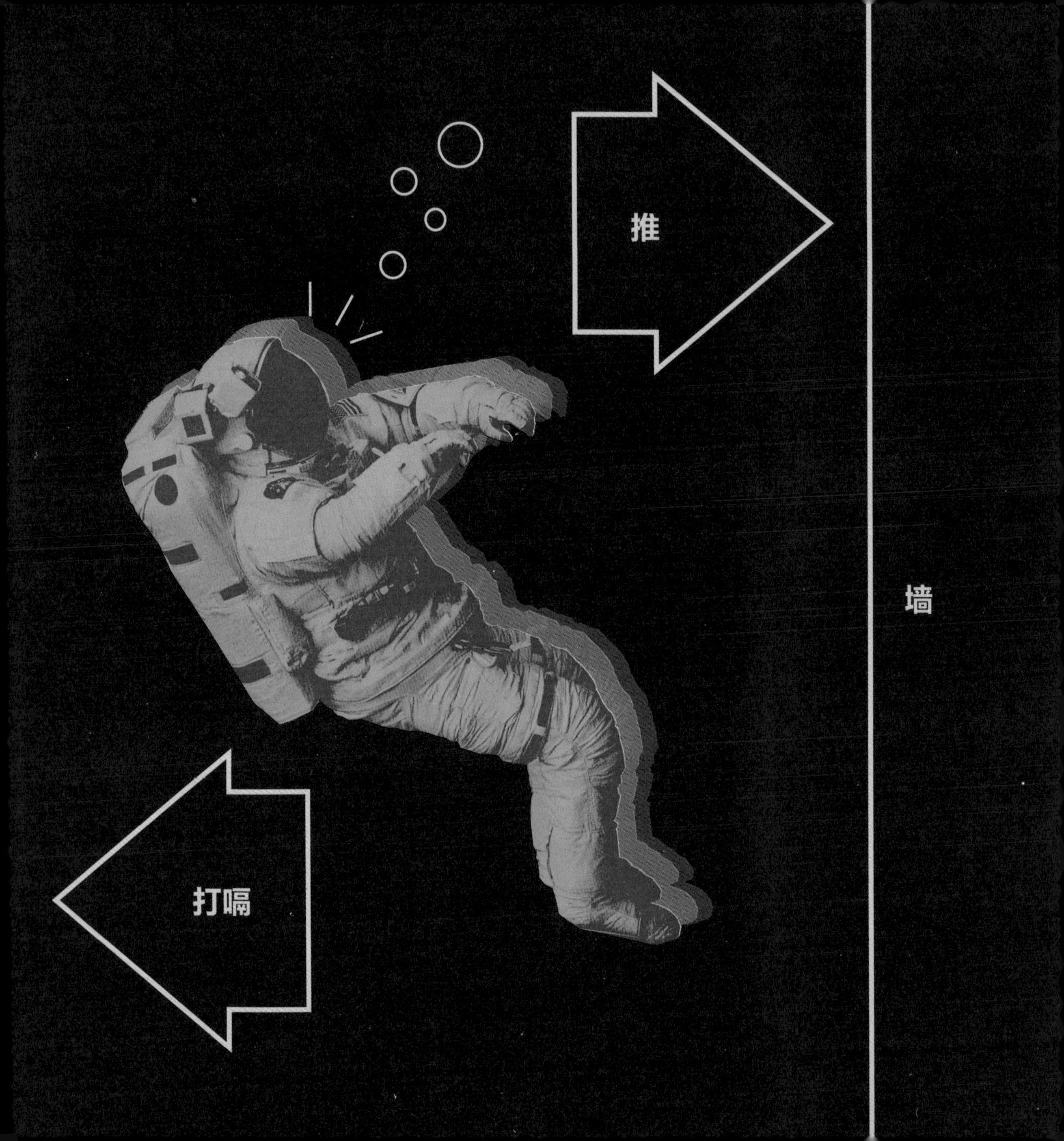
推
打嗝
墙

想打嗝，先推墙

失重环境让打嗝在本质上变成了呕吐，不过，宇航员吉姆·纽曼想到了一个妙计，可以把打嗝和呕吐这两件事拆分开。他发现，将身体推离舱壁可以创造一个力来代替重力，让胃里的东西待在原处，他由此获得了一个短暂的打嗝机会，避免了呕吐。纽曼将这个小技巧称为"推嗝"（push and burp）。

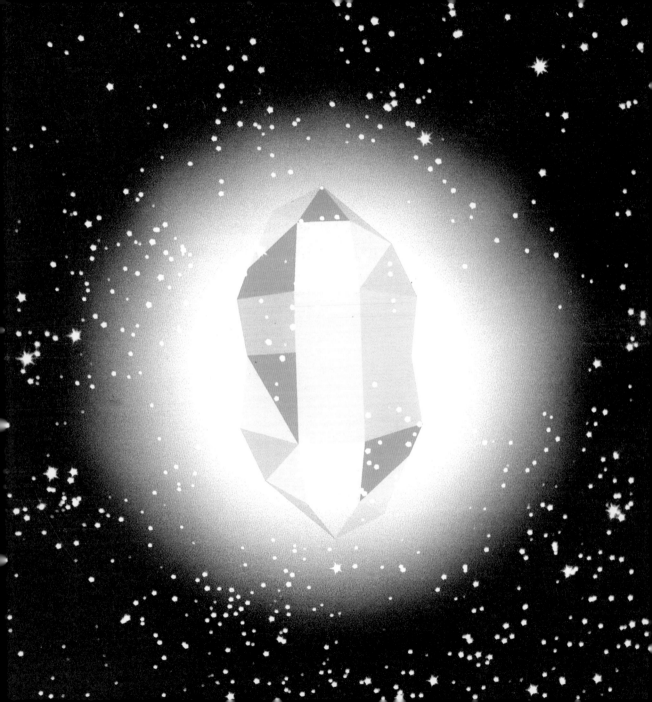

熠熠闪光的冰晶流

地球上的大多数人并不想目睹自己的尿液，但在太空中，尿液却是必看之物。燃料电池和尿液里多余的水经由液体废物排放系统，被排入太空的一片真空之中，然后迅速气化并冻结，形成小块冰晶。吉姆·纽曼描述了他在航天飞机上看见的一幕不可思议的美景："这些向外运动的巨大冰晶流，在太阳的照耀之下熠熠闪光，真是一幕壮观景象。美极了！"

我们共同的家园

　　有史以来人类在太空中目睹的最壮观景象之一，是 1968 年执行"阿波罗 8 号"任务的宇航员们望向窗外时，看见地球正从月亮上升起。宇航员比尔·安德斯（Bill Anders）[①] 回忆道：

> 那个精美、绚丽多彩的圆球在我看来如同挂在圣诞树上的装饰物，我眼见它从月球荒凉丑陋的地平线上升起来……那一幕铭刻在了我的脑海里……而那个看起来像圣诞树装饰物的圆球，其实非常脆弱，并非强大无比……它看似只是宇宙繁星中的小小一颗，却是你我的家园。

[①]　比尔·安德斯，美国前空军官员，电力工程师，核工程师，NASA 宇航员。他与"阿波罗 8 号"上的另外两个同事是第一批离开地球轨道前往月球的人。他在太空中的时长为 6 天 3 小时。——译者注

未来，属于终身学习者

我这辈子遇到的聪明人（来自各行各业的聪明人）没有不每天阅读的——没有，一个都没有。巴菲特读书之多，我读书之多，可能会让你感到吃惊。孩子们都笑话我。他们觉得我是一本长了两条腿的书。

——查理·芒格

互联网改变了信息连接的方式；指数型技术在迅速颠覆着现有的商业世界；人工智能已经开始抢占人类的工作岗位……

未来，到底需要什么样的人才？

改变命运唯一的策略是你要变成终身学习者。未来世界将不再需要单一的技能型人才，而是需要具备完善的知识结构、极强逻辑思考力和高感知力的复合型人才。优秀的人往往通过阅读建立足够强大的抽象思维能力，获得异于众人的思考和整合能力。未来，将属于终身学习者！而阅读必定和终身学习形影不离。

很多人读书，追求的是干货，寻求的是立刻行之有效的解决方案。其实这是一种留在舒适区的阅读方法。在这个充满不确定性的年代，答案不会简单地出现在书里，因为生活根本就没有标准确切的答案，你也不能期望过去的经验能解决未来的问题。

而真正的阅读，应该在书中与智者同行思考，借他们的视角看到世界的多元性，提出比答案更重要的好问题，在不确定的时代中领先起跑。

湛庐阅读App：与最聪明的人共同进化

有人常常把成本支出的焦点放在书价上，把读完一本书当作阅读的终结。其实不然。

时间是读者付出的最大阅读成本
怎么读是读者面临的最大阅读障碍
"读书破万卷"不仅仅在"万"，更重要的是在"破"！

现在，我们构建了全新的"湛庐阅读"App。它将成为你"破万卷"的新居所。在这里：

● 不用考虑读什么，你可以便捷找到纸书、电子书、有声书和各种声音产品；
● 你可以学会怎么读，你将发现集泛读、通读、精读于一体的阅读解决方案；
● 你会与作者、译者、专家、推荐人和阅读教练相遇，他们是优质思想的发源地；
● 你会与优秀的读者和终身学习者为伍，他们对阅读和学习有着持久的热情和源源不绝的内驱力。

下载湛庐阅读 App，
坚持亲自阅读，
有声书、电子书、阅读服务，
一站获得。

CHEERS

本书阅读资料包
给你便捷、高效、全面的阅读体验

本书参考资料
湛庐独家策划

☑ **参考文献**
为了环保、节约纸张，部分图书的参考文献以电子版方式提供

☑ **主题书单**
编辑精心推荐的延伸阅读书单，助你开启主题式阅读

☑ **图片资料**
提供部分图片的高清彩色原版大图，方便保存和分享

相关阅读服务
终身学习者必备

☑ **电子书**
便捷、高效，方便检索，易于携带，随时更新

☑ **有声书**
保护视力，随时随地，有温度、有情感地听本书

☑ **精读班**
2~4周，最懂这本书的人带你读完、读懂、读透这本好书

☑ **课　程**
课程权威专家给你开书单，带你快速浏览一个领域的知识概貌

☑ **讲　书**
30分钟，大咖给你讲本书，让你挑书不费劲

湛庐编辑为你独家呈现
助你更好获得书里和书外的思想和智慧，请扫码查收！

（阅读资料包的内容因书而异，最终以湛庐阅读App页面为准）

图书在版编目（CIP）数据

太空生活什么样/（美）阿丽尔·瓦尔德曼
（Ariel Waldman）著；（美）布赖恩·斯坦福
（Brian Standeford）绘；黄月，苟利军译 . -- 杭州：
浙江教育出版社 , 2022.6
　书名原文：What's it like in space?
　ISBN 978-7-5722-3566-5

Ⅰ . ①太… Ⅱ . ①阿… ②布… ③黄… ④苟… Ⅲ .
①宇宙－青少年读物 Ⅳ . ①P159-49

中国版本图书馆 CIP 数据核字（2022）第 081857 号

上架指导：航天航空 / 少儿科普

太空生活什么样
TAIKONG SHENGHUO SHENMEYANG

[美] 阿丽尔·瓦尔德曼（Ariel Waldman）　著
[美] 布赖恩·斯坦福（Brian Standeford）　绘
黄月　苟利军　译

责任编辑：刘晋苏
美术编辑：韩　波
封面设计：ablackcover.com
责任校对：李　剑
责任印务：陈　沁
出版发行：浙江教育出版社（杭州市天目山路 40 号　电话：0571-85170300-80928）
印　　刷：北京盛通印刷股份有限公司
开　　本：889mm ×1194mm 1/24
印　　张：5.75　　　　　　　　字　　数：116 千字
版　　次：2022 年 6 月第 1 版　　印　　次：2022 年 6 月第 1 次印刷
书　　号：ISBN 978-7-5722-3566-5　　定　　价：59.90 元

如发现印装质量问题，影响阅读，请致电 010-56676359 联系调换。

浙 江 省 版 权 局
著作权合同登记号
图字:11-2022-185号